Vorwort

Dies ist eine Reise in Bildern, nicht eine Reise an einen bestimmten Ort, sondern in die grenzenlosen Welten des Meeres.

Der Taucher vermag in der Tiefe die Kunstwerke der Natur zu entdecken – ihre atemberaubende Vielfalt von Formen und Farben. Natur und Kunst finden zu einer Harmonie, deren Schönheit fasziniert, aber den meisten Menschen verborgen ist.

Schwerelos entdeckt der Taucher diese Welt der exotischen Farben in ihrem unabsehbaren Reichtum. Es ist die Welt der Korallengärten, geschaffen in Jahrmillionen. Nur wenige Zentimeter unter der Wasseroberfläche gelegen, beherbergen sie die Korallenfische und eine Vielzahl anderer Lebewesen.

Da sind zum Beispiel Nacktschnecken von seltener Schönheit – sie beleben bunte, bizarr verzweigte Schwämme. Da sind Krebstiere, deren Größe von wenigen Millimetern bis zu der von Langusten variiert – sie bevölkern das ganze Riff. Da sind die Korallen selbst, aufgebaut von winzigen Polypen, deren Farbenpracht und Artenreichtum ein gesundes Riff auszeichnet.

Am Riff vorbei ziehen Großfische wie Haie, Mantas sowie Delfine. Schwärme von Fischen umkreisen im unendlichen Blau diese kunstvollen Schöpfungen der Natur.

Schon nach wenigen Metern in die Tiefe verringert sich das Licht, so dass die leuchtenden Farben des Riffs sich dem menschlichen Auge entziehen. Nur mit Einsatz von künstlichem Licht werden sie wieder sichtbar, und das Blitzlicht vermag die ganze Schönheit ihrer Farbenfülle zu bannen.

Büschelbarsch (Korallenwächter)

Napoleonfisch

Blaupunktrochen | Nahaufnahme des Kopfes

Fasan-Butt

Schwarzdorn-Doktorfisch

Großaugen-Stachelmakrele

Anemonen-Porzellankrebs | Größe 1.5 cm

Einsiedlerkrebs | Größe 3.0 cm

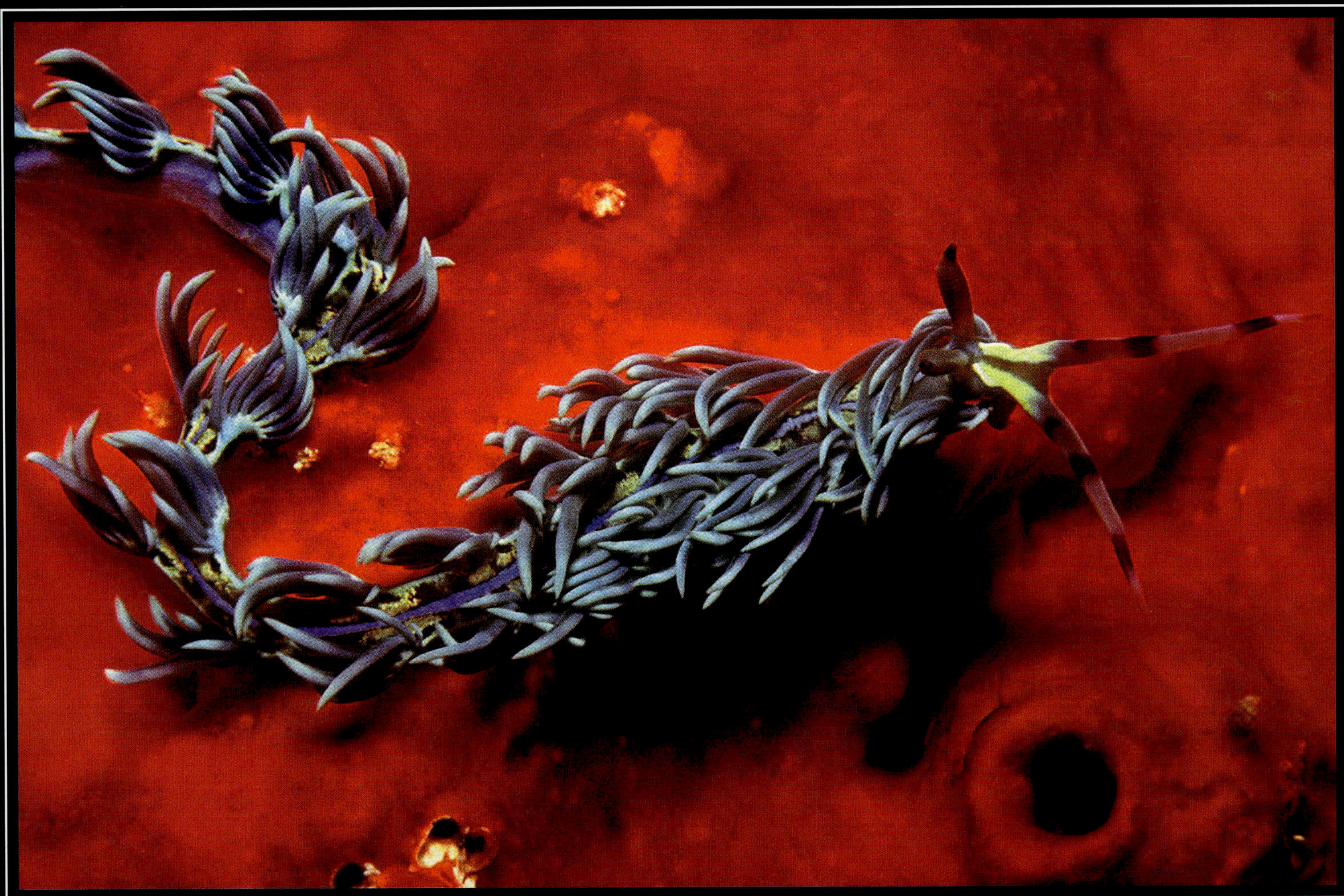

Fadenschnecke | Größe 2.0 cm

Prachtschnecke | Größe 5.0 cm

Orient-Süßlippe

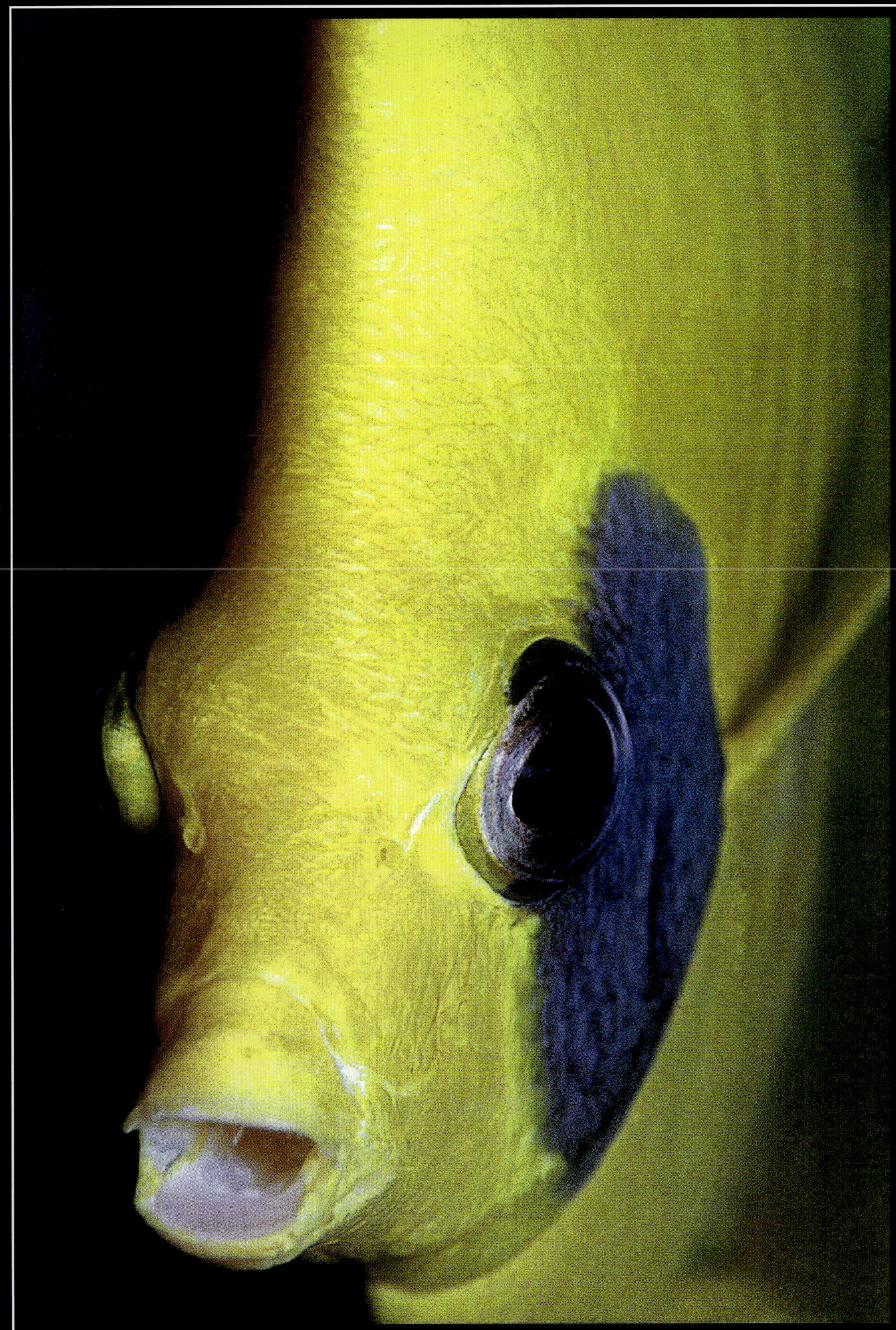

Maskenfalterfisch

Segelflossen-Doktorfisch | Nahaufnahme der Rückenflosse

Papageifisch | Nahaufnahme der Schwanzflosse

Rotmeer-Forellenbarsch | Nahaufnahme

Putzerfisch auf der Brustflosse eines Langnasen-Doktorfisches | Größe 3.0 cm

Rotmeer-Partnergarnele | Größe 1.5 cm

Durban-Tanzgarnele | Größe 2.0 cm

Glasfischschwarm

Feuerkoralle

Zwerggrundel | Größe 2.0 cm

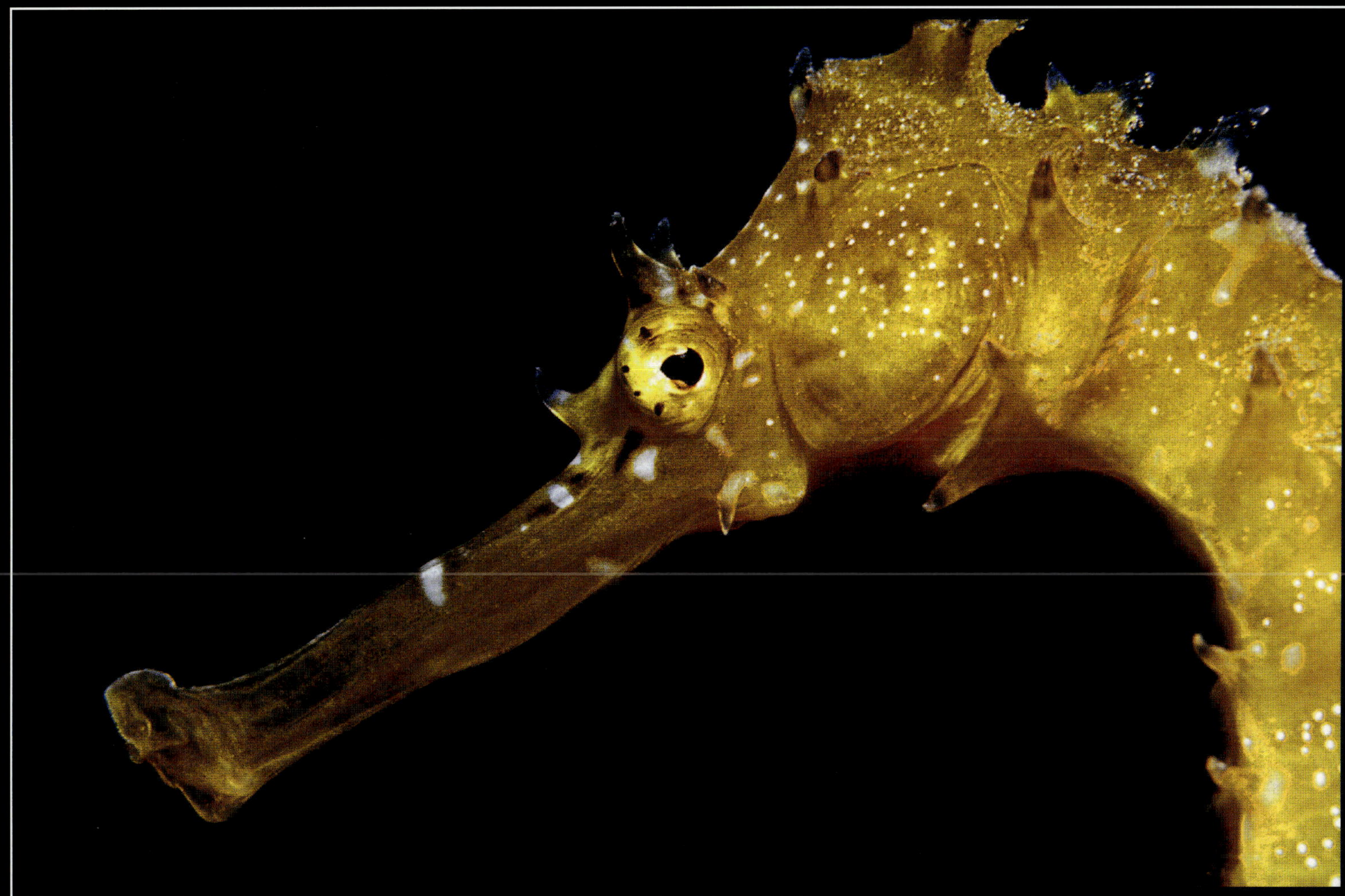

Buckel-Drachenkopf

Buckel-Drachenkopf

Papageifisch | Nahaufnahme

Prachtlippfisch | Nahaufnahme des Auges

Krustenanemone | Größe 3.0 cm

Krustenanemone | Nahaufnahme

Juwelen-Farnenbarsch | Größe 8.0 cm

Großaugenbarsch

Rotfeuerfisch

Buckel-Drachenkopf

Krake | Nahaufnahme

Sepia | Nahaufnahme

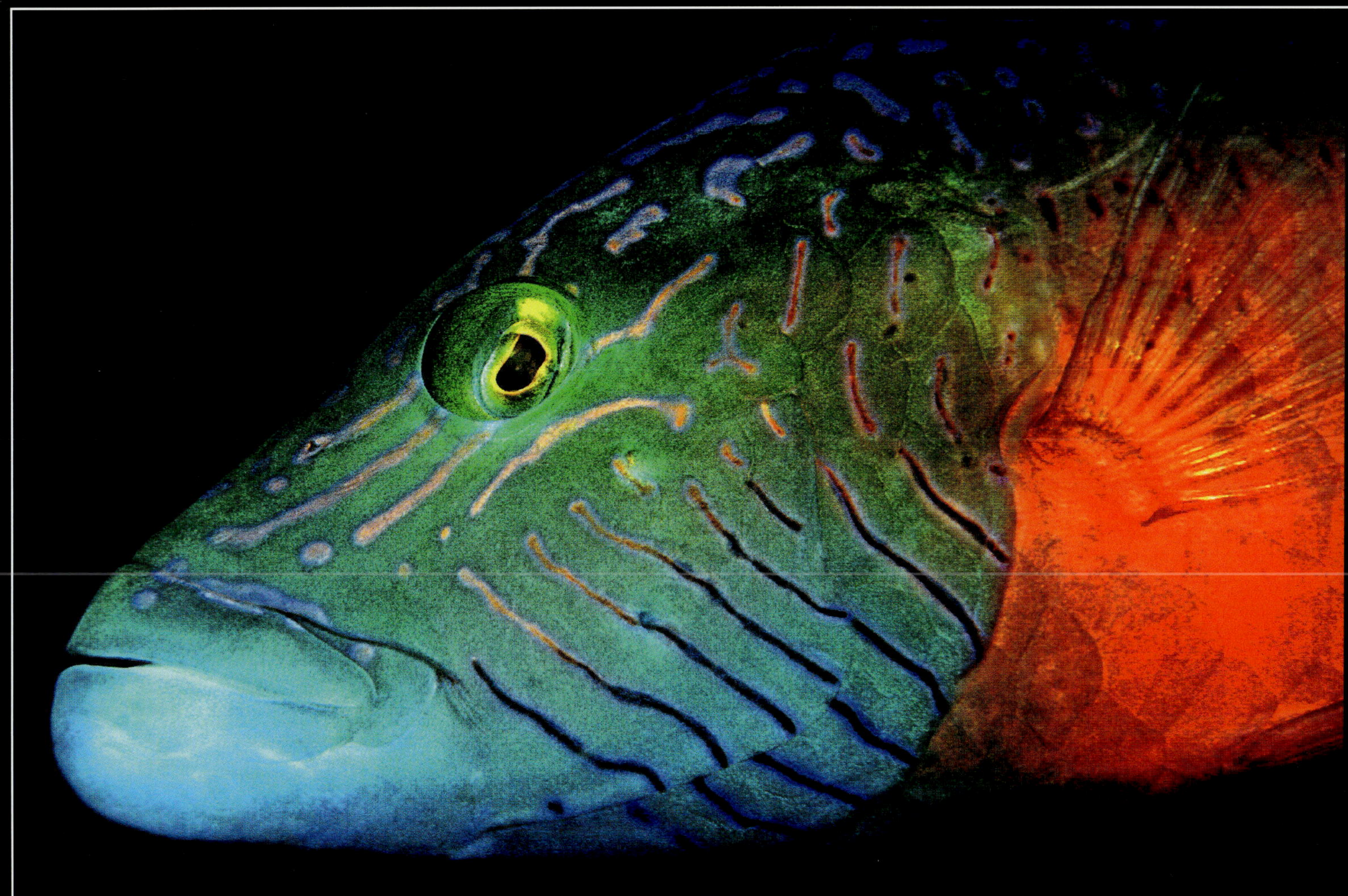

Prachtlippfisch

Griffel-Seeigel | Nahaufnahme der Stacheln

Perlenseestern | Größe 8.0 cm

Neonaugen-Wippschwimmer

Zweifarben-Wippschwimmer

Steinkoralle

Wrackteile mit Weichkorallen

Augenfleck-Warzenschnecke | Größe 4.0 cm

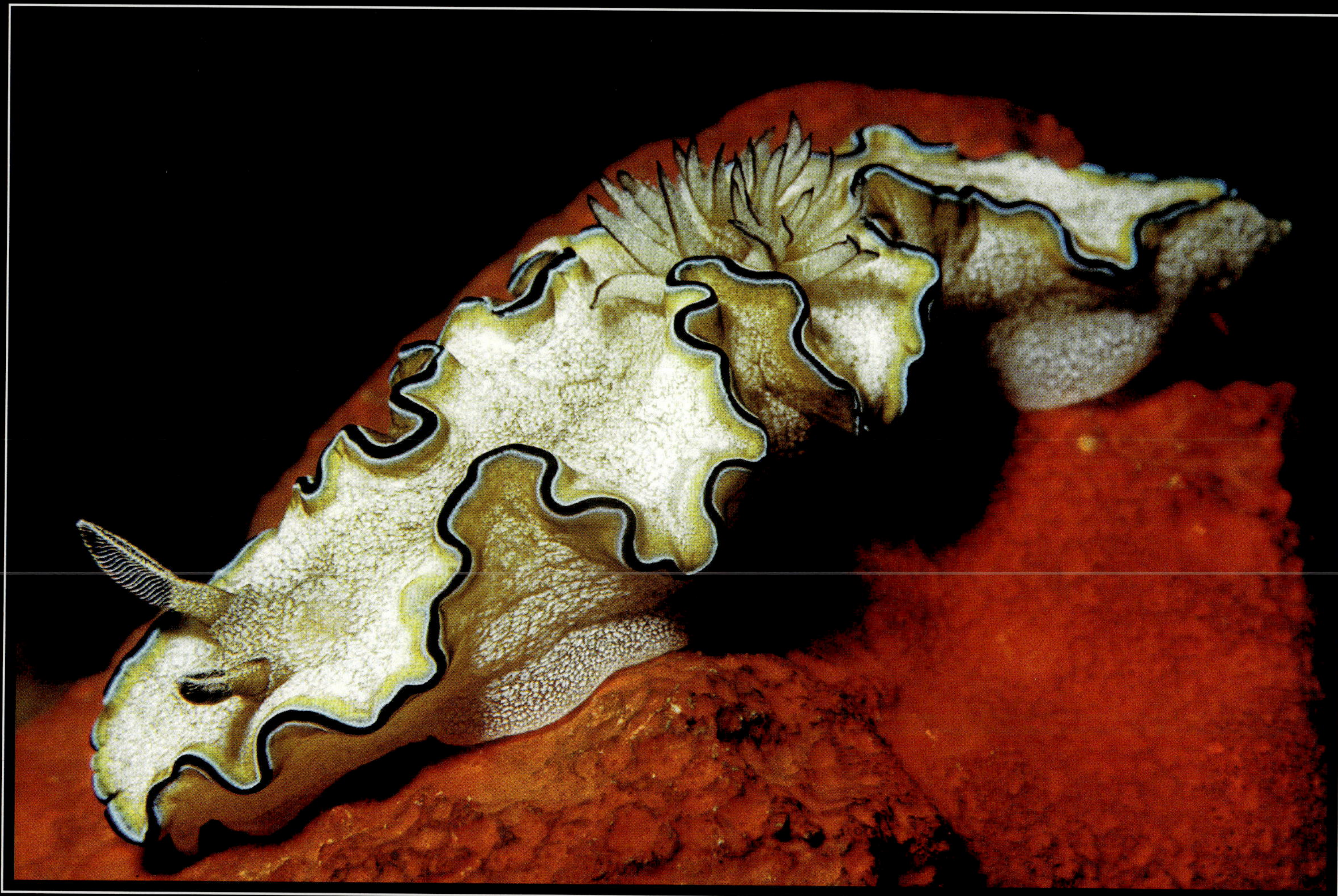

Prachtschnecke | Größe 6.0 cm

Flacher Drachenkopf | Nahaufnahme der Rückenflosse

Flacher Drachenkopf | Nahaufnahme der Rückenflosse

Riesenmuschel (Mördermuschel)

Wirtsanemone | Nahaufnahme

Blauklingen-Nasen-Doktorfisch

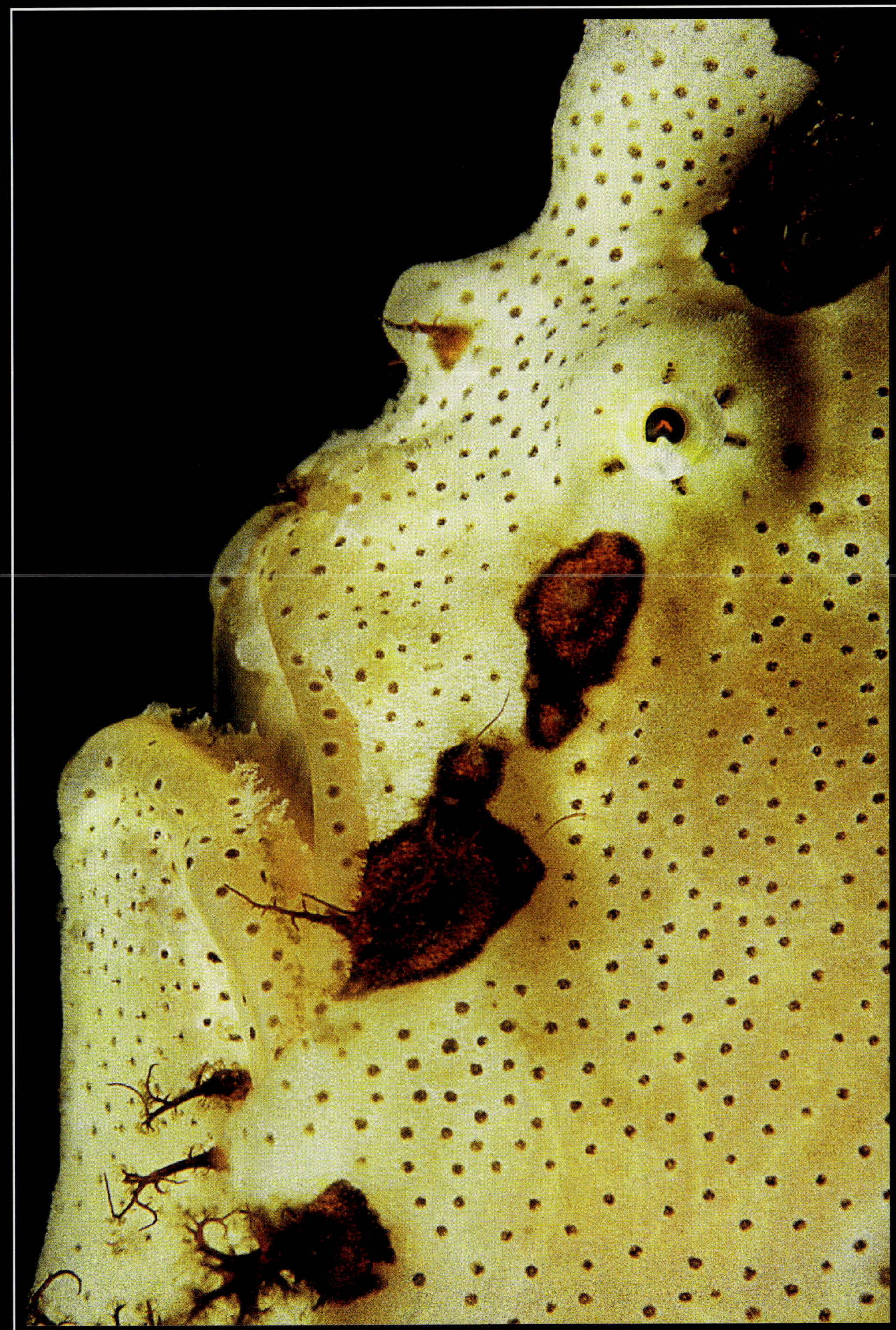

Anglerfisch

Zackenbarsch | Nahaufnahme des Auges

Baskenmützenbarsch

Indischer Anemonenfisch

Langnasen-Büschelbarsch

Rotfeuerfisch

Diskuskoralle | Nahaufnahme

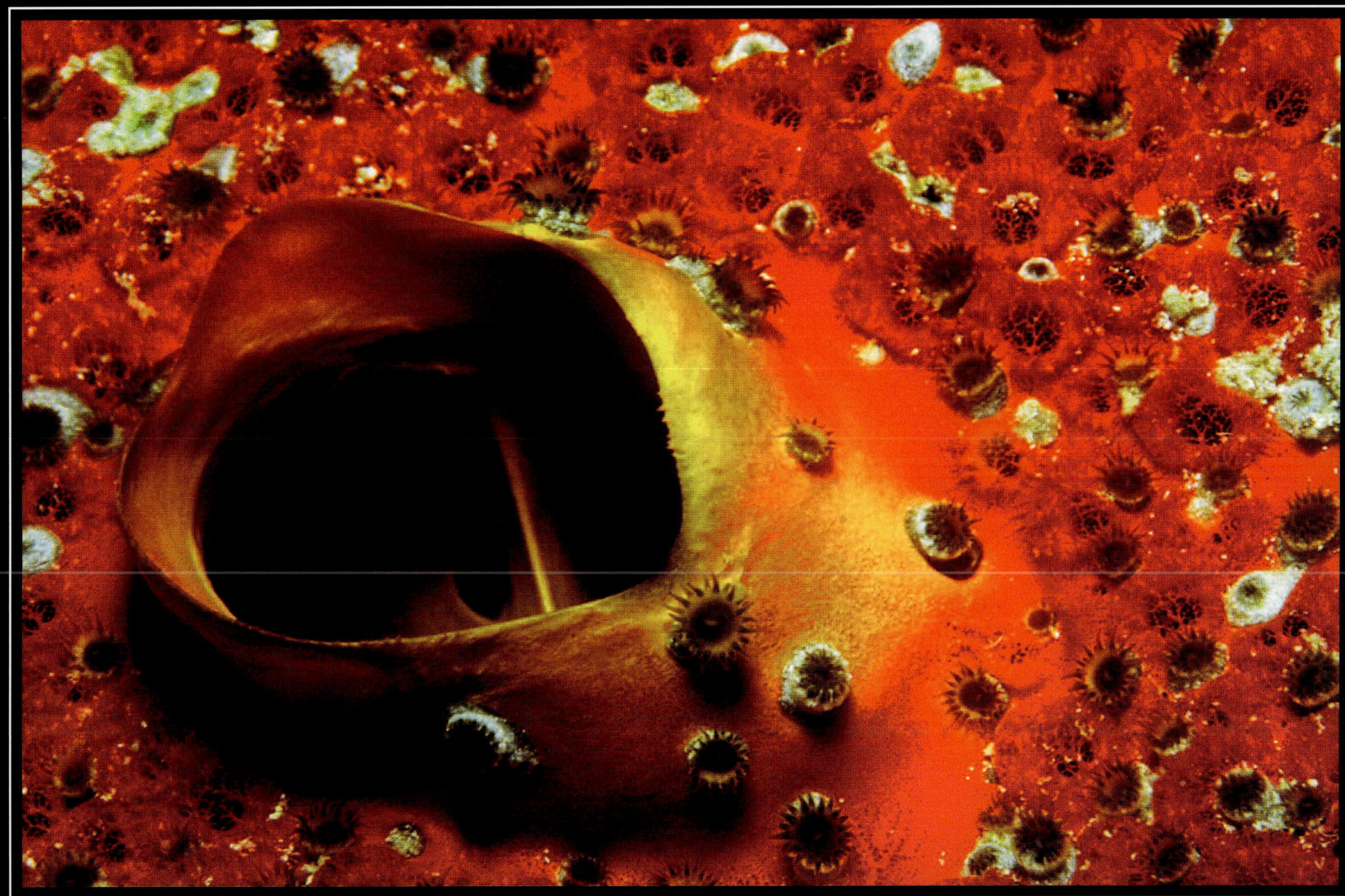

Schwamm | Nahaufnahme

Blaupunktrochen

Großer Tümmler

Zwerggrundel | Größe 1.5 cm

Zwerggrundel | Größe 1.5 cm

Gelbflecken-Igelfisch | Nahaufnahme des Auges

Drachenkopf | Nahaufnahme des Auges

Flügelrossfisch (Seemotte) | Größe 10.0 cm

Sand-Eidechsenfisch

Arabischer Kaiserfisch

Langflossen-Fledermausfisch

Mantarochen | Spannweite 400.0 cm

Anglerfisch

Indischer Anemonenfisch

Teppich-Krokodilfisch | Nahaufnahme des Auges

Teppich-Krokodilfisch | Nahaufnahme des Kopfes

Rotfeuerfisch | Nahaufnahme der Brustflosse

Riesendrückerfisch | Nahaufnahme von Schuppen und Brustflosse

Schmuck-Furchenschnecke | Größe 6.0 cm

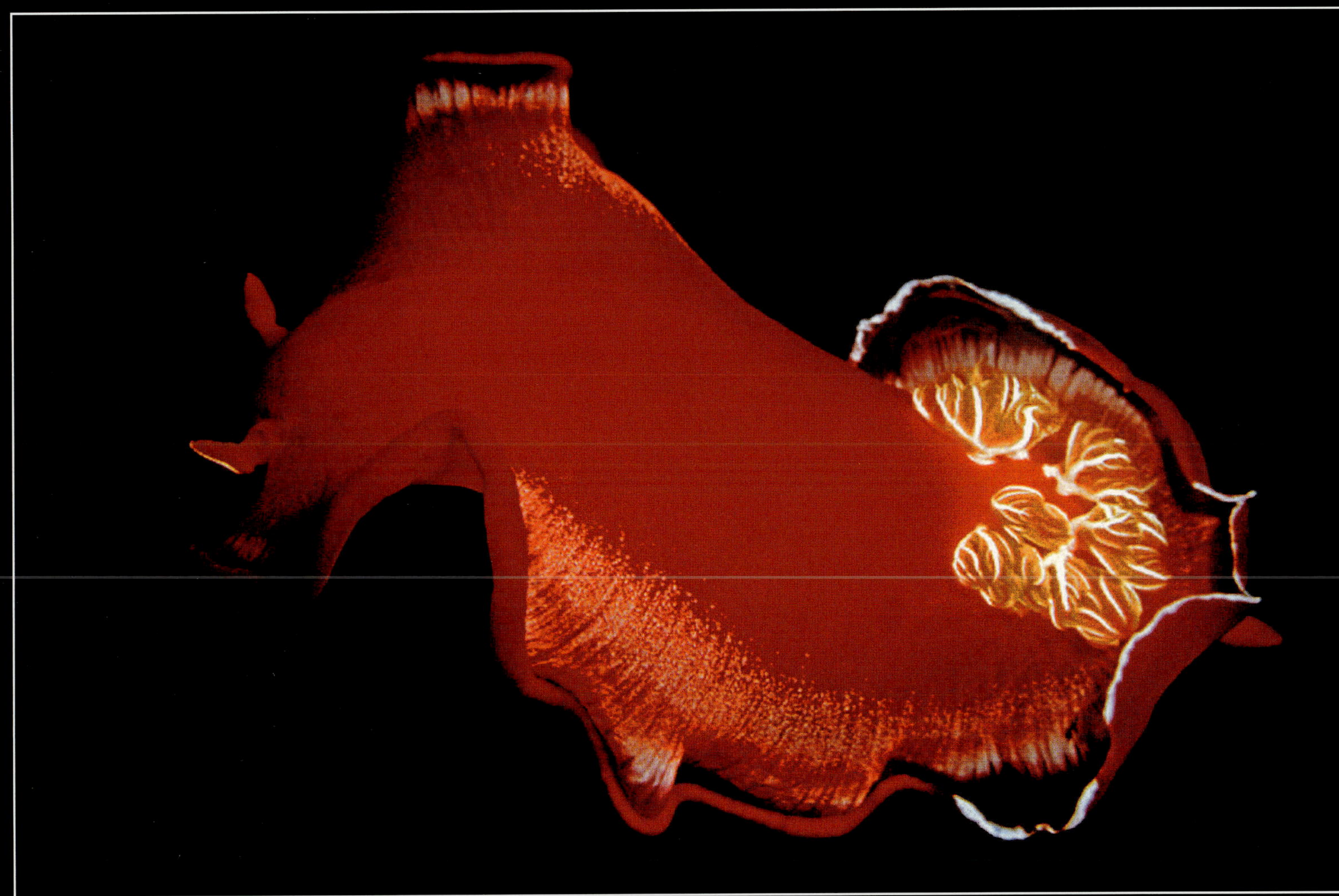

Spanische Tänzerin | Größe 15.0 cm

Weißspitzen-Soldatenfische

Kurznasen-Doktorfisch | Nahaufnahme des Auges

Gelbflecken-Igelfisch | Nahaufnahme des Auges

Sepia | Nahaufnahme des Kopfes

Trompetenfisch | Nahaufnahme des Kopfes

Juwelen-Zackenbarsch mit Putzergarnele

Büschelbarsch

Weißspitzen-Riffhai

Fangschreckenkrebs | Größe 12.0 cm

Teppich-Krokodilfisch | Nahaufnahme des Auges

Rotfeuerfisch

Langflossen-Fledermausfisch

Imperatorgarnele | Größe 1.0 cm

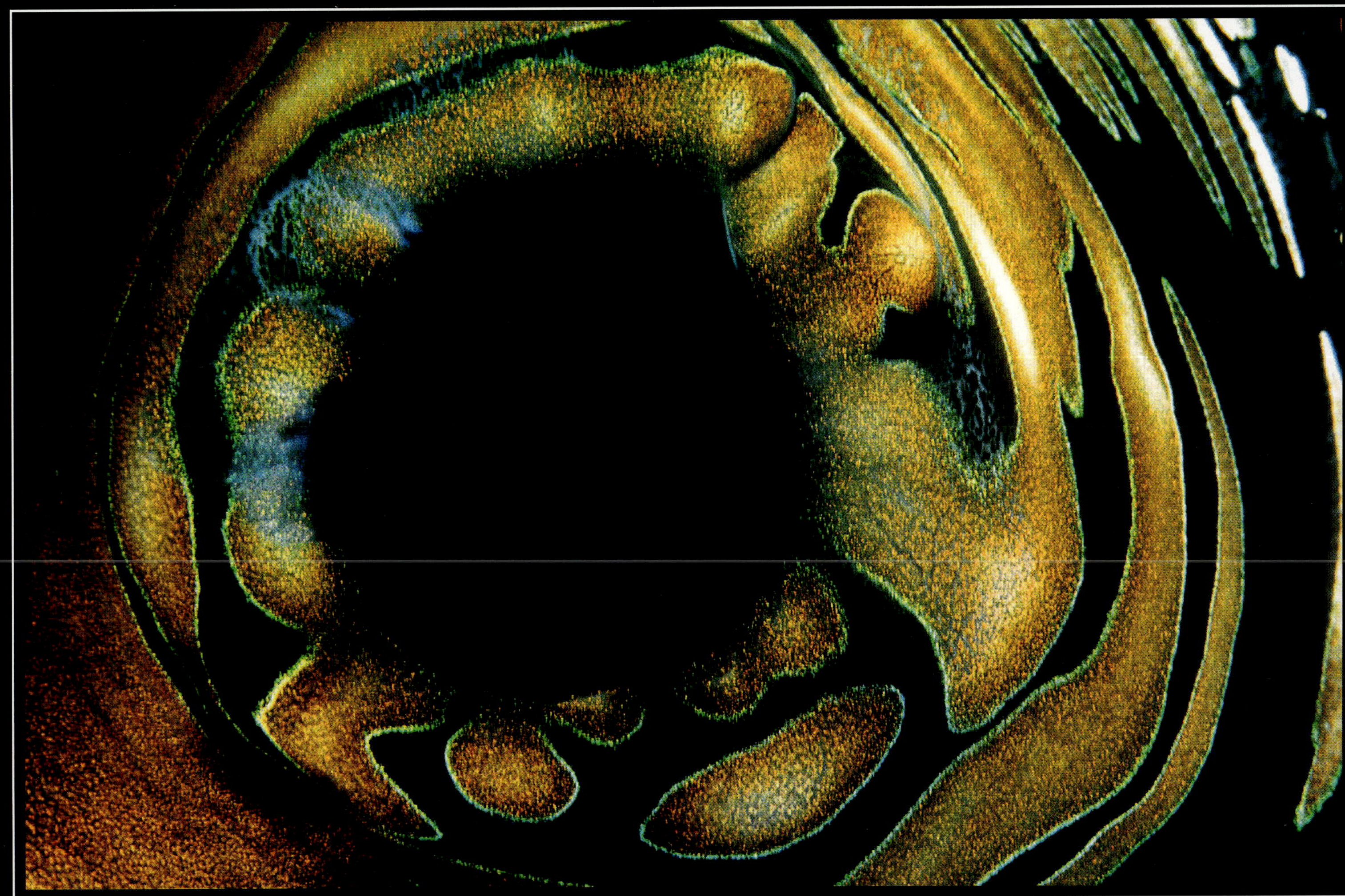

Riesenmuschel | Nahaufnahme des Siphons

Zackenbarsch

Büschelbarsch

Papageifisch | Nahaufnahme des Kiemendeckels und der Brustflosse

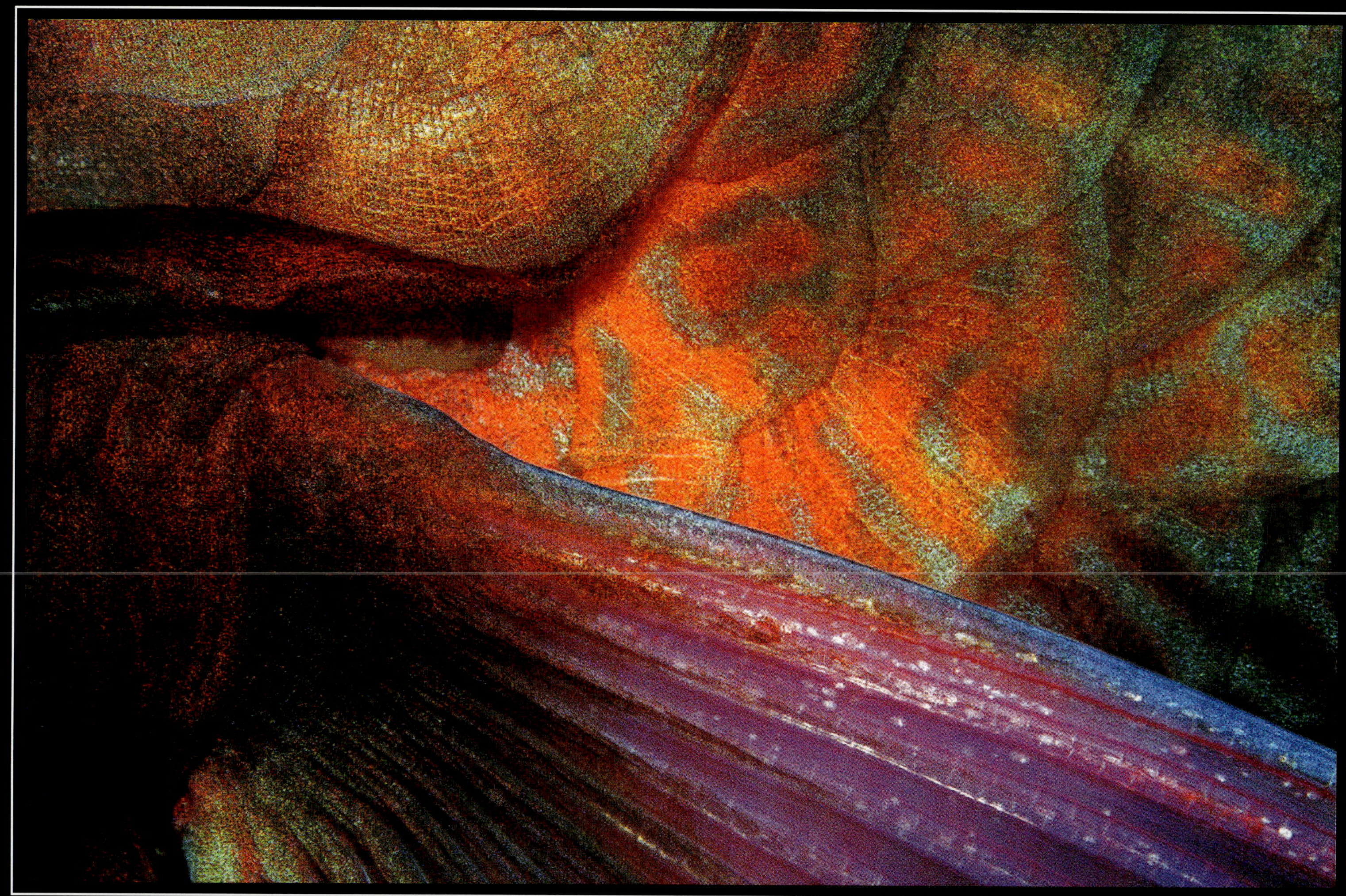

Papageifisch | Nahaufnahme des Kiemendeckels und der Brustflosse

Zackenbarsch mit Putzerfisch

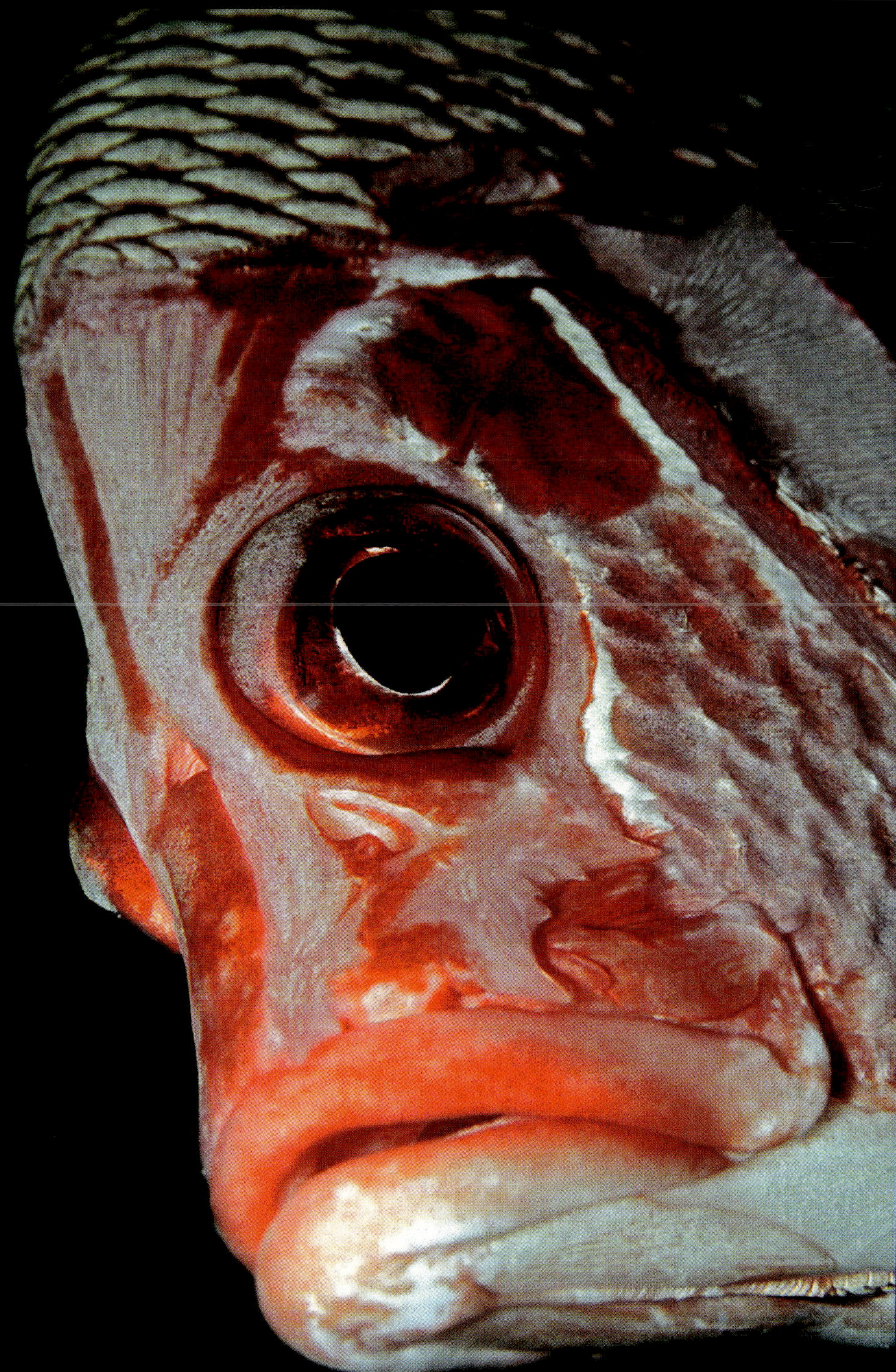

Riesenhusar

Fadenschnecke | Größe 2.5 cm

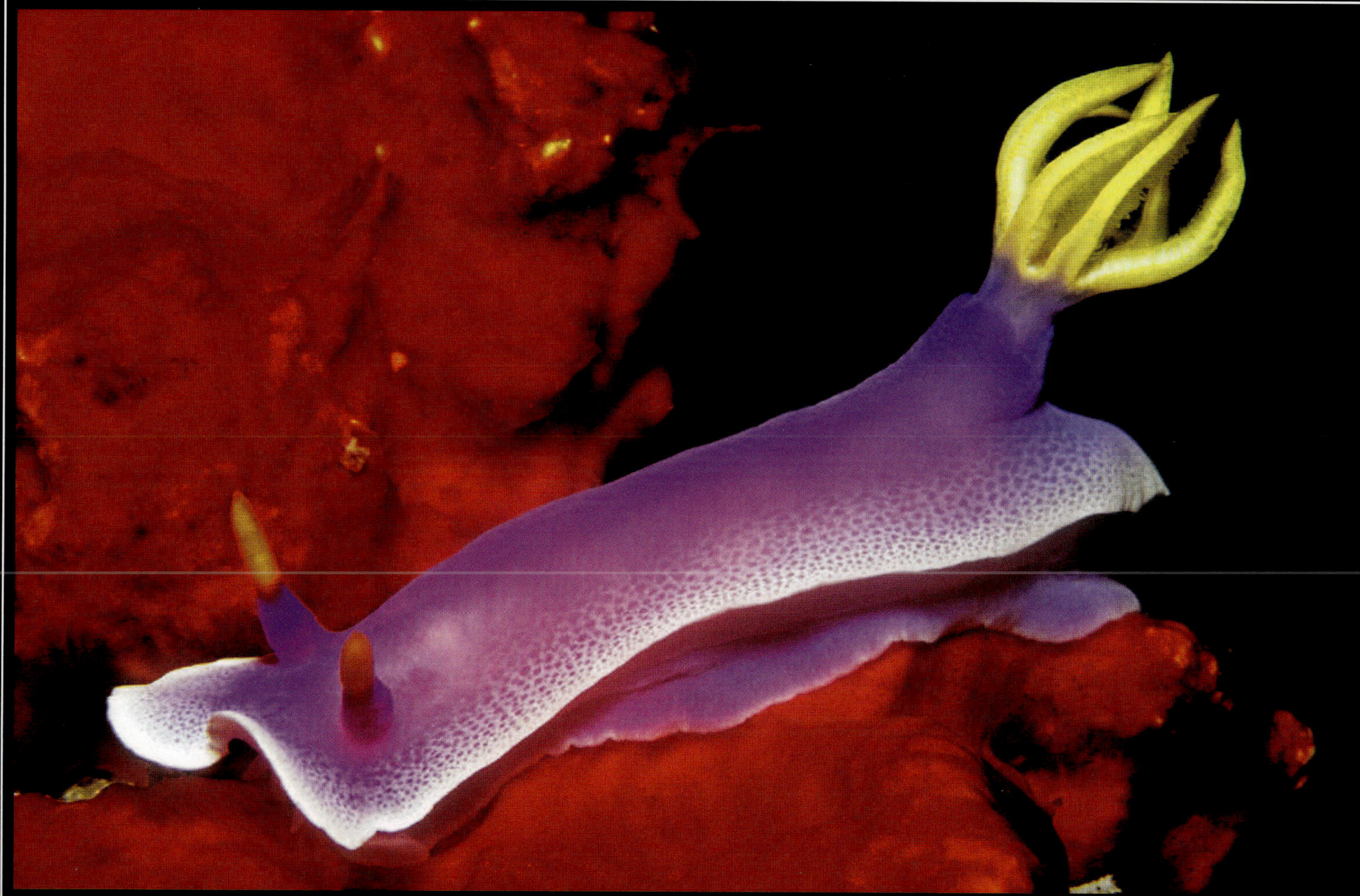

Prachtnacktschnecke | Größe 5.0 cm

Forellenbarsch

Blaumasken-Kaiserfisch

Spanischer Dreiflosser | Größe 2.0 cm

Schwamm

Glasfischschwarm

Weißspitzen-Soldatenfisch

Steinkoralle | Nahaufnahme

Großaugenbarsch

Riesen-Drückerfisch

Sepia | Nahaufnahme des Auges

Schildkröte | Nahaufnahme des Auges

Weichkoralle

Fächergorgonie

Titelbild | Neonsternschnecke (Rotmeer-Nembrotha) | Nahaufnahme des Kopfes

Seenadel | Nahaufnahme

Schlusswort

In einem Sommer saß ich, noch ein Kind, am Strand von Sylt
und trug meine erste Schwimmbrille. Ich war bereits ein guter Schwimmer,
und das Meer schien lediglich ein salziges Hindernis zu sein,
das in meinen Augen brannte. Doch wie verblüfft war ich,
nach dem Eintauchen unter der Wasseroberfläche viele kleine,
mir unbekannte Fische zu entdecken, die im klaren Wasser umherschwammen,
lautlos, schnell und wendig.

Wenn ich aus dem Wasser auftauchte, sah und hörte ich
die lärmenden Menschen am Strand. Ich steckte meinen Kopf
wieder unter Wasser, und die ganze laute Zivilisation verschwand
mit dieser einzigen kleinen Bewegung.

Ich war wieder in einer stillen Welt, einer Welt voller Wunder,
die zu vielfältigen Entdeckungen einlud, ja verführte.
Dort wollte ich bleiben oder wenigstens so oft wie möglich dorthin zurückkehren.

Für alle meine Freunde über und unter den Wellen.